第9問

1日に人のからだに必要な
飲み水の量はどれくらい?

①1人2L　②1人5L　③1人10L

第8問

日本一大きなダムは、
どれくらいの水をためられる?

①約300万㎥
②約9000万㎥
③約6億6千万㎥

第10問

日本にダムは
いくつぐらいある?

①約30
②約300
③約3000

第7問

各家庭で使った水道水の量を
調べる道具をなんていう?

①水道メーター　②水探知機　③水道管

第6問

明治時代、近代的な水道が
整備されるきっかけとなった理由は?

①コレラなどの感染症が大流行した
②水道のじゃ口が発明された
③水道をつくる法律が定められた

第5問

全国の地下にはりめぐらされた
水道管をつなげると、地球何周分?

①地球3周分　②地球7周分　③地球17周分

答えは47ページを見てね!

水のひみつ大研究

1

水道のしくみを探れ！

監修 西嶋 渉

水谷清太

小学4年生。好奇心旺盛な男の子。趣味はペットのメダカの世話とダムめぐり。

リュウ

竜神の化身。清太とモアナに、水のことをいろいろと教えてくれる。好物はゼリー。

七海モアナ

小学4年生。ハワイ生まれの元気いっぱいな女の子。趣味はおしゃれと海釣り。

水のひみつ大研究 1
水道のしくみを探れ!

もくじ

この本の特色と使い方

◉『水のひみつ大研究』は、水についてさまざまな角度から知ることができるよう、テーマ別に5巻に分けてわかりやすく説明しています。

◉それぞれのページには、本文やイラスト、写真を用いた解説とコラムがあり、楽しく学べるようになっています。

◉本文中で (➡〇ページ)、(➡〇巻) とあるところは、そのページに関連する内容がのっています。

◉グラフには出典を示していますが、出典によって数値が異なったり、数値の四捨五入などによって割合の合計が100%にならなかったりする場合があります。

◉この本の情報は、2023年2月現在のものです。

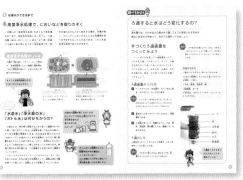

実際にはたらく人のお話をしょうかいしています。

本文に関係する内容をほり下げて説明したり事例をしょうかいしたりしています。

自分で体験・チャレンジできる内容をしょうかいしています。

国内外の過去にさかのぼって、歴史を知ることができます。

水道水はどうやってできるの？

わたしたちの身のまわりには、
雨水、海や川の水、水道水、使い終わった水など、
いろいろな水があります。
それらの水は、それぞれどうちがうのでしょうか。
とくに、水道水は、どこからきて、
どのようにつくられているのでしょうか。
この巻（かん）では、水道水についてくわしく楽しく学びます。

水道のじゃ口は、
水道管（すいどうかん）につながっているよ。
水道管（すいどうかん）はどこに
つながっているのかな？
➡10〜11、30〜31ページ

川の水と水道水って、
どこがちがうのかな？
➡24〜29ページ

海の水と水道水って、
何か関係（かんけい）があるのかな？
➡12〜15ページ

森林は「緑のダム」と
よばれているんだって。
どうしてかな?
➡16〜17ページ

ダムを見たことはある?
ダムはなんのために
あるのかな?
➡18〜21ページ

浄水場は何をするところかな?
➡24〜28ページ

雨水も「水」だけれど、
水道の水と何か
関係があるのかな?
➡10〜11ページ

毎日たくさん使う水

わたしたちは、毎日たくさんの水を使っています。
どんなことに、どれくらいの水を使っているのでしょうか。

生活に欠かせない水

わたしたちは、朝起きてから夜寝るまでのあいだ、どんなことに水を使っているでしょうか。思い返してみましょう。

朝起きたら、多くの人がトイレに行って水を流したり、顔や手を洗ったりするでしょう。また、水を飲んだり料理に使ったりもします。

食事のあとの食器洗いや、衣類の洗たくにも水が欠かせません。

昼間は、学校でも水を飲んだり、手を洗ったり、トイレを流したりします。そして、学校から帰って寝るまでのあいだには、ふろでたくさんの水を使います。

家庭でひとりが1日に使う水の量は平均214L程度

このように、わたしたちは毎日、いろいろな場面で水を飲んだり使ったりしています。東京都水道局の調べ（2019年度）によると、家庭でひとりが1日に使う水の量は、平均214L程度です。これを2Lのペットボトルにおきかえると、107本分の水を使っていることになります。

毎日、ひとりで
2Lのペットボトル
100本以上、
4人家族なら4倍の水を
使っているんだね

家庭での水の使われ方

下のグラフは、家庭でどんなことに水が使われるかの割合を表したものです。家族の人数などによってちがいますが、ふろやトイレに多くの水が使われています。

出典：国土交通省「目的別家庭用水使用量の割合」
※東京都水道局「平成27年度一般家庭水使用目的別実態調査」をもとに国土交通省が作成。

水道の水を中ぐらいの水量で1分間流しつづけると約12Lの水が流れるよ

その他
洗面や歯みがきに使う。洗面で1分間水を流しつづけると約12L、歯みがきで30秒間水を流しつづけると約6Lの水を使う。

洗たく
洗たく機の種類や洗たく物の量によるが、1kgの洗たく物を洗うために、7〜10Lの水を使う。

その他 6%
洗たく 15%
炊事 18%
ふろ 40%
トイレ 21%

ふろ
浴そうにためるほか、シャワーでも使う。一般的な浴そうにたまる水の量は250〜280L。シャワーは、3分間流しっぱなしにした場合、約36Lの水を使う。

トイレ
水洗トイレを1回流すとき、「大」のレバーを使うと6〜8L、「小」のレバーを使うと4〜6Lの水が流れる。

炊事
調理やかたづけのために水を使う。食器洗いのために5分間水を出しっぱなしにした場合、約60Lの水を使う。

おうちの人といっしょに自分の家のふろやトイレ、洗たく機の説明書を見て、使う水の量を調べてみよう

きれいで安全に飲める 水を送る上水道

じゃ口から出てくる水道の水を「上水」、上水が通る道を「上水道」といいます。上水は、飲んでも安全な、消毒されたきれいな水です。当たり前のことのようですが、日本でほぼ全国にこうした上水道が整備（せいび）されるようになったのは、1970年代のことです。

水はまちや 農業、工業でも使われる

水は、わたしたちが家庭や学校で使うほか、まちでも、また農業や工業でも使われます。とくに、家庭で使う水を「家庭用水」、会社や飲食店などまちで使う水を「都市活動用水」、このふ

たつを合わせて「生活用水」といいます。また、農業で使う水は「農業用水」、工業で使う水は「工業用水」とよばれます。そのほか、水は電気エネルギーをつくり出すためにも使われます。

安全じゃない水なんてあるの？

昔は、消毒（しょうどく）されていない井戸水（いどみず）や川の水を飲んでおなかをこわすこともあったんだよ

さまざまな水の使い道

水の使い道は大きく4つに分けられます。

生活用水

毎日の生活のために使われる。

家庭用水

ふろ、トイレ、炊（すい）事（じ）など、家庭で使われる。

都市活動用水

学校や会社、飲食店、公園、公共施設（こうきょうしせつ）など、まちで使われる（➡4巻（かん））。

農業用水

米づくりや野菜（やさい）づくりなど、農業で使われる（➡4巻（かん））。

工業用水

さまざまな製品（せいひん）をつくり出す工業で使われる（➡4巻（かん））。

エネルギーのもと

ダムなどで電気をつくり出すために使われる（➡4巻（かん））。

自分の家の水道使用量はどれくらい？

「検針票（水道使用量のお知らせ）」を見ると、どれくらいの水を使っているかがわかります。おうちの人といっしょに確認してみましょう。

検針票を見てみよう

水道局など地域の水道事業者は、水道メーターという装置を使って水道の使用量を調べます。

水道メーターは、水道のじゃ口とつながる水道管に設置されていて、家の中で水道のじゃ口をあけて水が流れると、パイロット（羽根車）が回転するしくみです。パイロットが回転すると、連動して指針が示す水量（指示値）が動きます。水道事業者はこの針の動きを見て、水道使用量や水道料金を計算して出します。

検針票は、水道事業者が、定期的にそれぞれの家庭の水の使用量を調べ、お知らせするものです。検針票を見ると、水道の使用量や水道料金がわかります。

ここでは、令和4年6月から令和4年7月までの63日間で、20㎥の水を使用したことがわかるよ！

水道メーター

指示値
パイロットと連動して指示値が動く。

パイロット
水道管の中を水が流れると回転する。

水道メーターは戸建てなら敷地内の地面にうめられた箱の中に集合住宅なら玄関のわきのとびらの中にあるよ！

検針表

利用している水道事業者。基本的には市区町村。

水道・下水道使用量等のおしらせ	○○○水道局
○○○○ 様	

いつからいつまで、何日分の使用量かがわかる。

使用月分	令和4年6月〜令和4年7月分
使用期間	5月25日〜7月26日（63日間）
今回指針	644㎥
前回指針	624㎥
使用量	20㎥

今回料金　4,532円

水道メーターの前回の指針から今回の指針を差し引いて、使用量を出す。

使用量をもとに計算した水道料金。

🔍 1㎥（立方メートル）は何L？

1Lは一辺の長さが10cm（0.1m）の立方体の体積です。一方、1㎥は、一辺の長さが1mの立方体の体積です。1㎥は1000Lと同じで、2Lのペットボトル500本分になります。

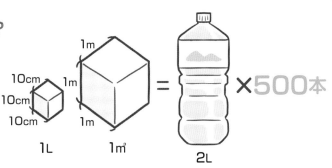

10cm 10cm 10cm
1L

1m 1m 1m
1㎥

＝ ×500本
2L

水道水ができるまで

じゃ口をひねればすぐに出てくる水道の水。
どこからきて、どのようにつくられた水なのでしょうか。

水道水のおおもとは雨や雪

水道水のおおもとは、雨や雪です。わたしたちは、土にしみこんだり川に流れたりした雨水や雪どけ水を、水道水のもと「水源」として利用しています。

水源の水は、取水せきなどの施設で水道水にするために取り入れられます。これを「取水」といいます。取水をおこなう「取水施設」には、取水せきのほかに、井戸や取水塔があります。

水源から取水施設で取り入れた水の多くは、浄水場できれいにされます。そして、配水施設（給水所）を経てわたしたちの住むまちやそれぞれの家に送られます。

水道の通り道

雪

雨

水源林
（➡16ページ）

水源
水道水として利用する水のもと。（➡12ページ）

ダム
（➡18ページ）

川

取水せき
（➡22ページ）

湖
（➡23ページ）

取水施設
水源から水を取り入れるところ。（➡22ページ）

海にはたくさん水があるけれど水源にはならないのかな？
（➡12、14ページ）

海

浄水場できれいにして 飲んでも安全な水に

　取水した水は、「浄水場」に送られます。浄水場は、水のにごりやにおいをとってきれいにし、消毒をして安全に飲めるようにするところです。取水した水をこしてごみを取りのぞく「ろ過」や、薬品を使った「消毒」をおこないます。こうした工程を経て水をきれいにすることを「浄水」といいます。

　浄水場で処理した水は、地下にある送水管を通して、それぞれの地域の配水施設（給水所）に送られます。そして、配水管、給水管を通して各家庭の水道にとどけられます。

水道の水って 長い道のりをたどって わたしたちのところまで くるんだね

いつでも安心して 水道の水が飲めるのは 「当たり前のこと」 じゃないんだよ

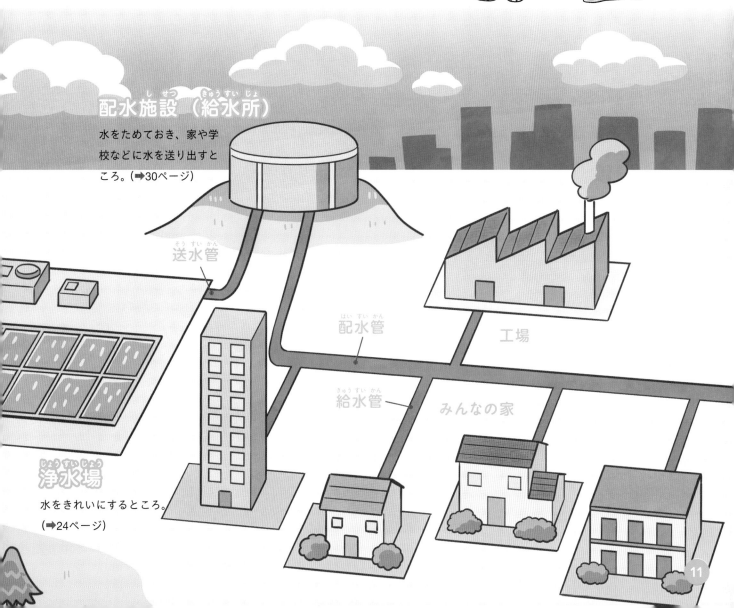

配水施設（給水所）
水をためておき、家や学校などに水を送り出すところ。（➡30ページ）

送水管

配水管

給水管

工場

みんなの家

浄水場
水をきれいにするところ。
（➡24ページ）

いろいろな水源

自分たちの身近なところにある川や湖の水、地下水が水道水のもとになっているよ!

川や湖の水、地下水などが水源となる

水道水として利用する水のもとを「水源」といいます。

水源には、川や湖、ダム湖（貯水池）など陸地の表面にある「地表水」、河川の周辺の地下水「伏流水」、地下水を井戸からくみ上げる「地下水」があります。これらの水は「淡水（真水）」とよばれる、塩分をほとんどふくまない水です。

わたしたちの身のまわりには海水もありますが、海水は塩分を多くふくむため、水源としてはあまり利用されていません。しかし、沖縄県など海水の淡水化を進め、水源としている地域もあります（➡14ページ）。

日本の水源の種類と内訳

日本では、水源の7割以上が地表水、それ以外は伏流水や地下水などです。

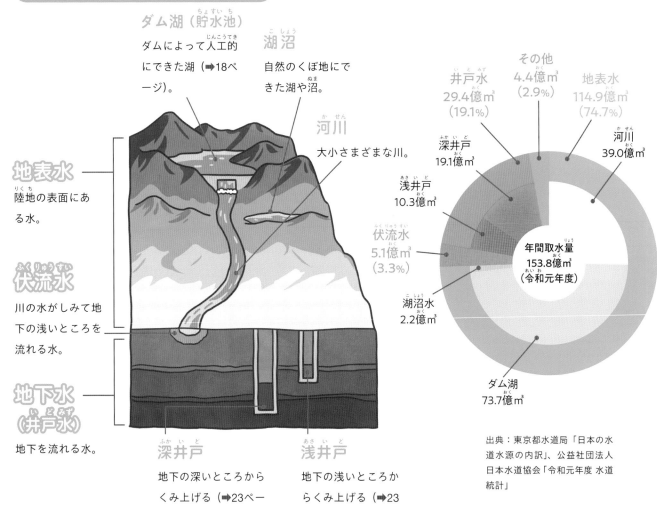

ダム湖（貯水池）
ダムによって人工的にできた湖（➡18ページ）。

湖沼
自然のくぼ地にできた湖や沼。

河川
大小さまざまな川。

地表水
陸地の表面にある水。

伏流水
川の水がしみて地下の浅いところを流れる水。

地下水（井戸水）
地下を流れる水。

深井戸
地下の深いところからくみ上げる（➡23ページ）。

浅井戸
地下の浅いところからくみ上げる（➡23ページ）。

井戸水 29.4億m³（19.1%）
その他 4.4億m³（2.9%）
地表水 114.9億m³（74.7%）
深井戸 19.1億m³
河川 39.0億m³
浅井戸 10.3億m³
伏流水 5.1億m³（3.3%）
湖沼水 2.2億m³
年間取水量 153.8億m³（令和元年度）
ダム湖 73.7億m³

出典：東京都水道局「日本の水道水源の内訳」、公益社団法人日本水道協会「令和元年度 水道統計」

地域によってちがう水源

水源は、それぞれの地域の地形や降水量によってちがいます。人口の多い大きな都市では、たくさんの水を確保するため、水源林（➡16ページ）やダム、河川を整備して水源としています。自然豊かで上質な地下水にめぐまれた地域では、地下水を水源としている場合もあります。

近畿一帯に水をもたらす琵琶湖

滋賀県にある琵琶湖は、120万年も前からあるといわれる世界でも有数の古代湖。周辺の大小460もの川が琵琶湖に流れこみ、湖の大きさでは日本一です。

琵琶湖は、近畿圏の水道水の貴重な水源です。近畿圏全人口約2000万人のうち、滋賀県、京都府、大阪府、兵庫県、奈良県、三重県の約1400万人に、琵琶湖からの水がとどけられています。

北側から見た琵琶湖。湖面面積は約669km²、いちばん深いところの深さは約104m（国土地理院「調査実施湖沼一覧」）。

熊本市の水源は100%地下水

熊本市をふくむ熊本地域には、昔、阿蘇山が噴火したときに降り積もった軽石や火山灰、溶岩などでできた大地が広がっています。この地層はすき間が多いため水を通しやすく、降った雨が地下にしみこみやすいという特徴があります。また、土や石のすき間やあなにたくさんの水がたくわえられるので、熊本地域の地下には豊富な地下水が存在しています。

このように地下水にめぐまれた熊本市では、約74万人の市民の水道水を、100%地下水でまかなっています。

1 熊本地域に降った雨が森林や田畑から地下へしみこむ。

阿蘇山　田畑　白川　熊本城　市街地　有明海　深井戸　浅井戸　地下水プール　砥川溶岩層

2 地下にしみこんだ水は、土や石のすき間やあなにたくわえられながら、ゆっくりと流れていく。

3 深井戸や浅井戸でくみ上げて、水道水として利用する。

水源を確保する！
沖縄県の取り組み

沖縄県では、水源として地下水や海水も利用しています。
ほかの地域とは少しちがう、沖縄県の水源確保のくふうを見てみましょう。

「地下ダム」で水をたくわえる

　沖縄一帯の大地には、琉球石灰岩とよばれる地層が広く分布しています。琉球石灰岩とはサンゴなどの死がいがたい積してできたもので、小さなあなかがたくさんあり、水がしみ通りやすいのが特徴です。そのため、沖縄では、雨が降っても地表に水がたまりにくく、長く大きな川があまりありません。川の水だけでは十分な水道水が得られないため、沖縄では、ダム（➡18ページ）をつくって水源を確保しています。

　沖縄には地上にある一般的なダムもありますが、ほかの地域にはない「地下ダム」も利用していることが大きな特徴です。

沖縄県の水源の種類

沖縄県の水源は、ダム水が大きな割合をしめています。

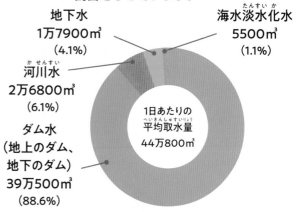

地下水
1万7900㎥
（4.1%）

海水淡水化水
5500㎥
（1.1%）

河川水
2万6800㎥
（6.1%）

ダム水
（地上のダム、
地下のダム）
39万500㎥
（88.6%）

1日あたりの
平均取水量
44万800㎥

出典：沖縄県企業局「日平均取水量」（令和３年度）

地上のダムと地下ダムのちがい

地上のダムでは、川の水をせき止めて水をためます。一方、地下ダムでは、琉球石灰岩の層を流れる地下水をせき止めて水をためます。

地下ダムは、沖縄島南部や宮古島などにある。写真は、宮古島にある福里地下ダムの止水壁の部分。

止水壁

地下ダム

スポンジのようにたくさんの水をふくむ琉球石灰岩などの層に止水壁をつくり、水をためる。

地上のダム

水を通しにくい粘土や泥岩などの層の上につくり、水をためる。

地下水

豊富にある海水を淡水化

　沖縄県では、水源を確保するために、豊富にある海の水を利用した海水淡水化も進めています。
　淡水化とは、海水の塩分をのぞき淡水（真水）にすることです。海水淡水化には、熱して出る水蒸気を集めて淡水にする方法（蒸発法）や、半透膜という膜を使って淡水を取り出す方法（逆浸透法）などがあります。沖縄県の海水淡水化センターでは、逆浸透法で海水を淡水化しています。

海水淡水化（逆浸透法）のしくみ

　半透膜は、水の分子は通しますが塩分は通しません。この性質を利用して、海水から淡水を取り出します。

水の分子　半透膜
塩分
3.5%
塩

海水　淡水

1 もともと、海水には約3.5％の塩分がふくまれている。

圧力
半透膜
塩分
5.8%

海水　淡水

2 海水に圧力をかけると、水の分子だけが半透膜を通って、淡水が取り出せる。

> 海の水は
> たくさんあるよね？
> ほかの地域でも
> 海水淡水化を
> 取り入れられないの？

> 費用がかかるのが
> 課題なんだ…
> もっと費用を
> おさえられるよう
> 開発が進められているよ

海水淡水化で離島の水不足を解消する

　大小160の島じまからなる沖縄県では、沖縄島だけでなく、降水量によって水の供給が不安定になりやすい離島の水の確保も課題です。そこで、沖縄県では海水淡水化施設をふくむ浄水場の施設整備を進めています。2022（令和4）年12月現在では粟国島、北大東島、座間味村阿嘉・慶良間地区、伊是名島での施設整備が完了し、島の人びとへの供給を開始しています。これにより、水不足だけでなく、水質管理や水道料金などのサービス格差の解消をめざしています。

伊是名浄水場で導入されている海水淡水化の逆浸透膜ユニット。

（写真提供：沖縄県企業局）

> 海水淡水化の技術は
> 水不足になやむ世界の国ぐにでも
> 注目されているんだって！（➡5巻）

水源林の役割

「水源かん養林」の「かん養」には水をしみこませて養いはぐくむ、という意味があるよ

💧 水をたくわえ、きれいにする

森林は、わたしたちがいつでも不自由なく水を利用するために、とても大切なはたらきをしています。森林のなかでも、河川や取水施設の上流にある水源かん養機能をもつ森林を「水源林（水源かん養林）」といいます。

しっかり手入れされた水源林の土は、スポンジのように水を吸収する力があります。そのため水源林では、雨や雪が降るとその水は地中にしみこみ、たくわえられます。そのあと、水はさらに地中深くにしみこみ、ゆっくりと地中を流れるあいだにろ過され、きれいな地下水になっていきます。

水源林を通る水の流れ

水源林の地面や地下は、土や砂、岩石などで層になっています。雨水や雪どけ水は、この層を数か月から数百年もかけて流れていきます。

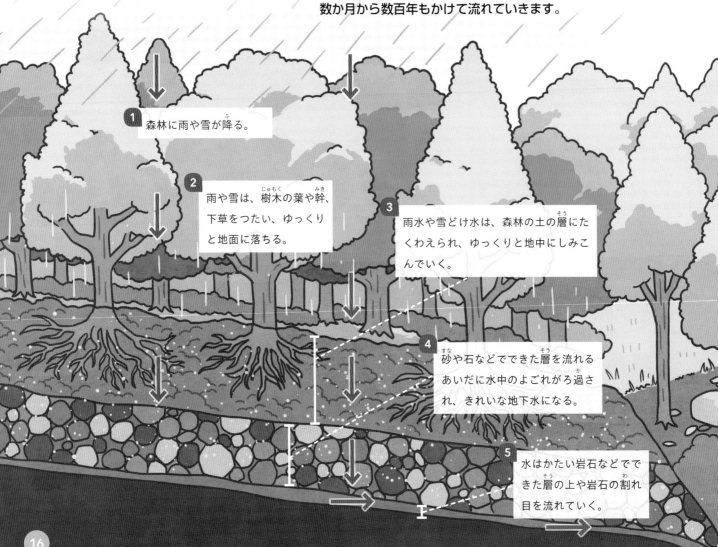

1 森林に雨や雪が降る。

2 雨や雪は、樹木の葉や幹、下草をつたい、ゆっくりと地面に落ちる。

3 雨水や雪どけ水は、森林の土の層にたくわえられ、ゆっくりと地中にしみこんでいく。

4 砂や石などでできた層を流れるあいだに水中のよごれがろ過され、きれいな地下水になる。

5 水はかたい岩石などでできた層の上や岩石の割れ目を流れていく。

山梨県南都留郡道志村に広がる道志水源林。

（写真提供：横浜市水道局）

はたらく人に聞いてみよう

水源かん養機能向上のため
水源林を手入れする

神奈川県・横浜市水道局　小川昭彦さん

　横浜市は、1887（明治20）年、日本で最初に近代水道を整備した地域です。その水源のひとつが山梨県道志村から流れる道志川で、横浜市は、道志村にある水源林の一部を1916（大正5）年から100年以上にわたって管理しています。

　人工林の樹木は、放っておくと枝が伸び放題になります。そのような森林の中には光が差しこまなくなることから、ほかの樹木や下草が育たず、落ち葉も少なくなります。すると、土がかたくなって、水をたくわえる力が落ちてしまうのです。そうならないよう、わたしたちは、余分な木や枝を切ったり、苗木を植えたりして手入れをしています。

　横浜市では、水質のよい水源を求めて、道志川の水を30kmはなれた鮑子取水ぜきから引いている。

6　地下水は、地表にしみ出し、少しずつ集まって沢や川になる。

水源林のさまざまなはたらき

　水源林には、雨水や雪どけ水をたくわえ、一気に川に流れないようにすることで、洪水をふせぐ役割もあります。また、地面に根をはった木や草があることで、大雨のときなどに土砂が流出するのをふせぎます。

　ほかにも、水源林の樹木は二酸化炭素を吸収して酸素をつくり出し、地球温暖化をふせいだり、さまざまな生物をはぐくんだりします。また、わたしたちが自然に親しめるいこいの場としての役割もあります。

水源林は、水をたくわえることで川の水の量を調節するはたらきもするから「緑のダム」とよばれているんだって！

17

ダムの役割

ダムにたくさんの水をためてどうするのかな？

水をためて、川に流す水の量を調節する

　降った雨や雪が水道水になるまでのあいだには、水をせき止め、ためておく場所があります。水をせき止める設備のうち、高さ15m以上のものを「ダム」、それより小さいものを「取水せき（➡22ページ）」といいます。また、水をためておくところを「貯水池」、とくに、ダムの貯水池のことを「ダム湖」といいます。

　ダムの大きな役割は、水道の水を確保するということです。右のグラフからわかるように、日本では、時期によって降水量がちがいます。降水量の多いときに水をため、少ないときには放流することで、年間を通して安定して水道水を使えるようにしています。

東京の月別平均降水量
（1991〜2020年の平均値）

日本では、6月ごろの梅雨、9〜10月の台風シーズンに降水量が増えます。6月、9〜10月の3か月間で、1年間の降水量の約4割をしめています。

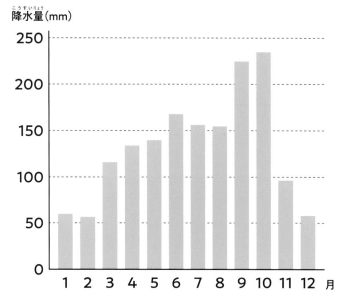

降水量（mm）

出典：気象庁ホームページより

多くのダムは水源林に囲まれた川の上流にある。写真は国土交通省が管理する宮ヶ瀬ダム（神奈川県）。

宮ヶ瀬ダムから取水できる量は1日最大130万㎥。神奈川県の3分の2の地域の水道水をまかなっているんだって！

（写真提供：アフロ）

ダムはいろいろな目的で使われる

ダムは、使う目的によっていくつかの種類に分けられます。おもに水道水や農業用水、工業用水に使うダムは、「利水ダム」です。ほかに、大雨のときに一気に川に水が流れ出ないようにして洪水調節をする「治水ダム」、電気エネルギーをつくるための「発電ダム（➡4巻）」があります。また、ひとつのダムが複数の目的で使われる「多目的ダム」もあります。

使用目的別 ダムの種類

「利水ダム」「治水ダム」「発電ダム」「多目的ダム」の4つがあります。

利水ダム	貯めた水を水道水や農業・工業用水（➡4巻）として利用する。
治水ダム	川を流れる水の量を調節し、洪水をふせぐ。
発電ダム	水が流れ落ちる力を利用して、発電する（➡4巻）。
多目的ダム	利水と発電など、いくつかの目的をかねて利用する。

利水・治水ダムのつくり

ここでは利水・治水目的の多目的ダムの一般的なつくりを見てみましょう。水をせき止める堤体に利水用、治水用それぞれの放流口があり、ダム湖の水位を見ながら、放流する量を調節しています。

非常用洪水吐
高位常用洪水吐
低位常用洪水吐

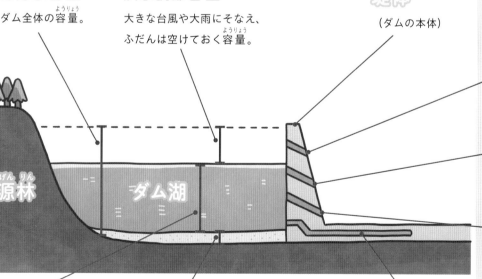

総貯水容量
ダム全体の容量。

洪水調節容量
大きな台風や大雨にそなえ、ふだんは空けておく容量。

堤体
（ダムの本体）

利水容量
水道水や農業・工業用水のために水をためる容量。

たい砂容量
一定期間にたまると予想される砂の容量。

利水放流設備
水道水や農業・工業用水のための水を放流する。

水源林

ダム湖

治水放流設備

雨量や上流から流れてくる水の量に合わせて放流口を変え、流す水の量を調節する。

非常用洪水吐
大きな台風などでダム湖がいっぱいになったときに使う。

高位常用洪水吐
洪水のときや水位を保つために放流する。

低位常用洪水吐
台風などでダム湖にたまった水を放流する。

利水のために放流しているところ。

調べてみよう

日本は
重力式コンクリートダムが
多いんだ

全国にはどんなダムがあるの？

全国には、大小さまざまなダムが約3000もあります。
興味のあるダムについて、くわしく調べてみましょう。

いろいろなダムの種類

ダムは、使用目的（➡19ページ）のほかに、かたちや材料などつくりによってもいくつかの種類に分けられます。かたちは、重力式、アーチ式などがあります。材料は、コンクリートが使われているものが多く、そのほかに、岩石や土でできているものもあります。

ダムの型式 水は、たくさんたまると、「水圧」といって「水のおす力」がとても大きくなります。この力にたえられるよう、ダムはとてもじょうぶにできています。

重力式コンクリートダム

コンクリートでできた、どっしりとしたダム。水圧をダム自体の重さでささえる。
【おもなダム】新潟県・奥只見ダム
神奈川県・宮ヶ瀬ダム

中空重力式コンクリートダム

コンクリートを節約するために、「重力式」の内部を空どうにしたダム。見た目は重力式と同じ。
【おもなダム】静岡県・畑薙第一ダム
静岡県・井川ダム

アーチ式コンクリートダム

コンクリートでできたアーチ形のダム。アーチ形は水圧をダムの両側ににがすことができる。
【おもなダム】富山県・黒部ダム
広島県・温井ダム

バットレスダム

ダムの強度を増すために、内部に短いかべをたくさんつくったダム。
【おもなダム】群馬県・丸沼ダム
北海道・笹流ダム

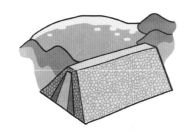

ロックフィルダム

おもに岩石や土砂でできたダム。表面をコンクリートなどでおおっている。
【おもなダム】長野県・高瀬ダム
岐阜県・徳山ダム

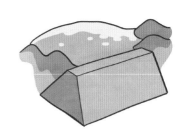

アースダム

おもに土でできたダム。古くからあり、かたちが堤防に似ている。
【おもなダム】熊本県・清願寺ダム
愛媛県・大久保山ダム

全国にあるダムの堤体の高さ（堤高）、ダム湖にためられる水の量（総貯水容量）をくらべてみましょう。（2022年12月現在）

★堤高ベスト3

富山県・黒部ダム

186m

堤頂長（堤体上部の長さ）も日本一！
型式：アーチ式コンクリートダム
使用目的：発電

長野県・高瀬ダム

176m

岩石が積み上げられた堤体が大迫力！
型式：ロックフィルダム
使用目的：発電

岐阜県・徳山ダム

161m

多目的ダムでは最大規模！
型式：ロックフィルダム
使用目的：治水、利水、発電（多目的）

★総貯水容量ベスト3

岐阜県・徳山ダム
6億6000万㎥

浜名湖の約2倍の水がためられる！
型式：ロックフィルダム
使用目的：治水、利水、発電（多目的）

新潟県・奥只見ダム
6億100万㎥

発電量は日本一！
型式：重力式コンクリートダム
使用目的：発電

福島県・田子倉ダム
4億9400万㎥

発電量は奥只見ダムにつぎ第2位！
型式：重力式コンクリートダム
使用目的：発電

もっとダムにくわしくなろう！

　ダムの使用目的や型式など基礎知識が身についたら、自分が住む地域のダムや全国のダムについて、くわしく調べてみましょう。また、ダムがつくられることになったきっかけ、計画や建設にかかった年月や苦労など、ダムのあゆみについてもまとめてみましょう。ダムは、近くで見ると大きくて迫力があり、まわりの湖や森林の景色も楽しめます。なかには、放流のようすや、堤体内部を見学できるダムもあります。機会があれば、足を運んでみるのもよいでしょう。

レアなダムカードもあるんだって！いろいろ集めるぞ！

見学の記念にもらえるダムカード。表にはダムの写真、うらにはダムの情報がのっている。

取水のしくみ

いろいろな水源の水を
さまざまな方法で
取り入れているんだね!

💧 水源から水を取り入れ浄水場に送る

貯水池（ダム湖）や川の水、地下水といった水源の水は、浄水場に送るために取水施設で取り入れられます。取水施設には、川をせき止め

て取水する「取水せき」、貯水池など水がたまっているところから取水する「取水塔」、地下水をくみ上げる「井戸」などがあります。

取水せきから水を取り入れるしくみ

川を横切るようにつくられたせきで、川の流れをせき止めて取水します。

魚道

魚の通り道。ゲートが下りているときでも魚が行き来できるよう、川の両岸に設けられている。

魚道には、いろいろな魚が
泳ぎやすいように
川底にかたむきや段差が
つくられているんだって!

取水せき

ゲートを下げて水をせき止め、川の上流側の水かさが増したところの取水口から取水する。

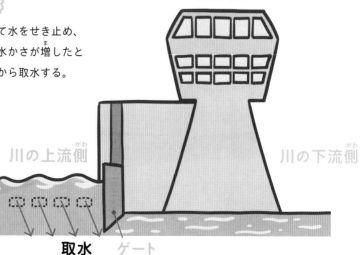

操作室

川の上流側　　　　　　　　　　川の下流側

取水口

取水　　ゲート

取水塔から水を取り入れるしくみ

貯水池や湖、深さのある川から取水するときは、取水塔の取水口から取水します。

取水塔

貯水池や川岸の近くに設けられた塔。かべにある取水口から取水する。

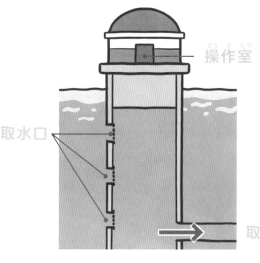

操作室

取水口

取水

ここではユニークなかたちで歴史のある取水塔をしょうかいします。

(写真提供：東京都水道局)

東京都・金町浄水場 第二取水塔

完成した年：1941（昭和16）年

東京都の水道水になる水を、江戸川から取り入れている。

山口県・内日第一貯水池 取水塔

完成した年：1906（明治39）年

山口県下関市にはじめて水道が整備されて以来、今も使われている。

(写真提供：下関市上下水道局)

北海道・旧西岡水源地 取水塔

完成した年：1909（明治42）年

陸軍が建設し、戦後は札幌市の上水道の取水用に。今は使われていない。

井戸から水を取り入れるしくみ

地下水や伏流水（➡12ページ）は、地下から水をくみ上げるための設備「井戸」で取水し、ポンプでくみ上げます。

深井戸

地表から深さ50m前後の、深いところを流れる地下水をくみ上げる。

浅井戸

地表から深さ10〜30mぐらいの、浅いところを流れる地下水をくみ上げる。

伏流水の井戸

川の近くの、地下の浅いところを流れる地下水をくみ上げる。

川

伏流水

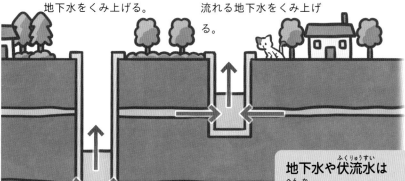

地下水や伏流水は変化しやすい地表の水とくらべて取水量は少ないけれど水量や水質が安定しているよ

2 水道水ができるまで

浄水場の役割

水源から取り入れたままの水を「原水」というんだ！ごみや細菌、ウイルスがまざっていて安全に飲むことはできないよ

安全・きれいな水を24時間送り出す

取水施設で取り入れられた水は、導水管を通して浄水場に送られます。この水は「原水」といい、砂や泥、プランクトン(とても小さい水中生物)などがまざり、にごっている状態です。また、目に見えない細菌やウイルスもふくまれています。こうしたよごれを取りのぞき消毒して、安全に飲むことができるおいしい水をつくることが、浄水場の大きな役割です。

また、浄水場には、水道水が不足することなく、給水区域にいつでも送り出せるようにするという役割もあります。

水の使用量は、季節や天候、時間帯などによって変化します。そのため、浄水場では、必要とされる水の量を予測し、24時間態勢で、取水施設から浄水場、給水所までの施設を管理・運営しています。

水がきれいになるしくみ

浄水場では、おもに「沈でん」「ろ過」「消毒」の3つの工程で水をきれいにします。浄水場によっては「高度浄水処理」をおこなうところもあります。

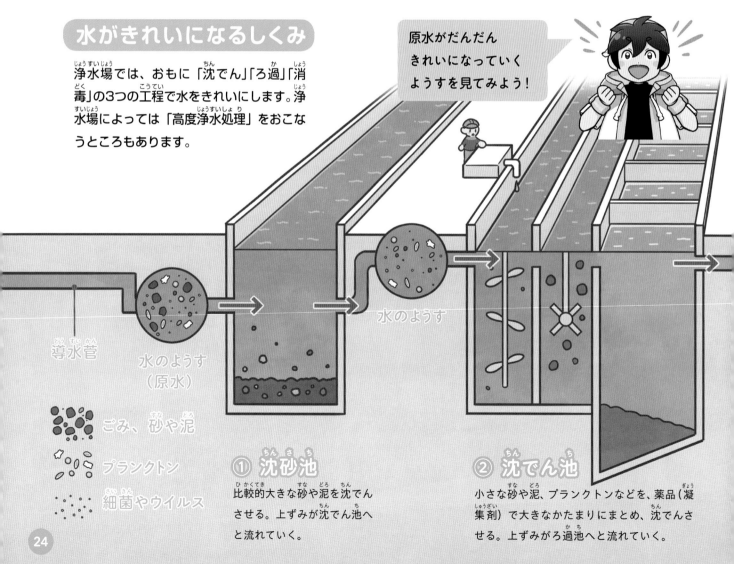

原水がだんだんきれいになっていくようすを見てみよう！

導水管

水のようす（原水）

ごみ、砂や泥

プランクトン

細菌やウイルス

水のようす

① 沈砂池
比較的大きな砂や泥を沈でんさせる。上ずみが沈でん池へと流れていく。

② 沈でん池
小さな砂や泥、プランクトンなどを、薬品(凝集剤)で大きなかたまりにまとめ、沈でんさせる。上ずみがろ過池へと流れていく。

浄水場

写真は、東京都葛飾区にある金町浄水場。江戸川（写真左側）にある取水塔から取水し、東京都民250万人分の水道水をつくっている。

（写真提供：アフロ）

水をきれいにする工程が
これとはちがう
ところもあるよ！
水源の水質がよくて
原水を消毒のみする場合も
あるんだって

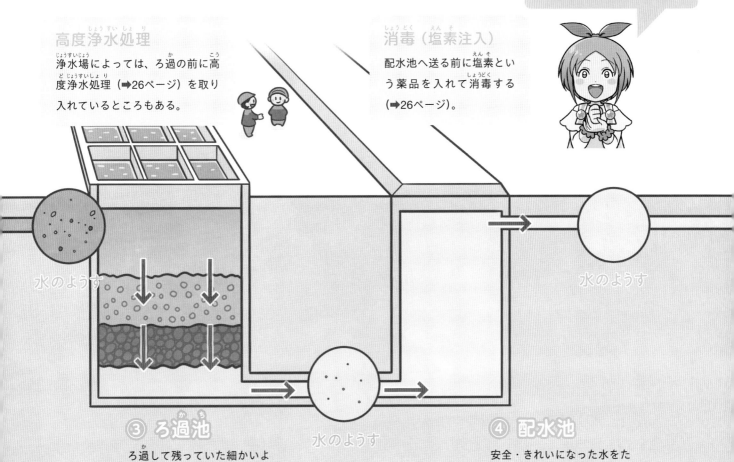

高度浄水処理
浄水場によっては、ろ過の前に高度浄水処理（➡26ページ）を取り入れているところもある。

消毒（塩素注入）
配水池へ送る前に塩素という薬品を入れて消毒する（➡26ページ）。

③ **ろ過池**
ろ過して残っていた細かいよごれをこし取る。きれいになった水が配水池へと送られる。

④ **配水池**
安全・きれいになった水をためておき、給水所へ送り出す（➡30ページ）。

高度浄水処理で、においなどを取りのぞく

全国には、「高度浄水処理」をおこなう浄水場もあります。高度浄水処理とは、沈でん、ろ過、消毒（➡24～25ページ）に加え、より高い技術でろ過の工程の前におこなう浄水処理です。都市を流れる川などから取水する場合、水質が悪く、カビくさいにおいのもととなる有機物を取りのぞききれないことがあります。これらを高度浄水処理で取りのぞきます。

高度浄水処理のしくみ

ろ過の工程の前に、「オゾン」という気体や、「生物活性炭」という表面に微生物をつけた活性炭を用いて、においのもとを取りのぞきます。

オゾンと生物活性炭の力でにおいがとれるんだね！

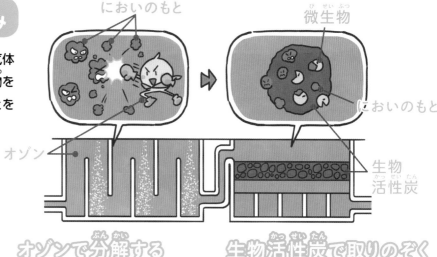

においのもと
微生物
オゾン
においのもと
生物活性炭

オゾンで分解する
オゾンのはたらきで、においのもととなる物質を分解する。

生物活性炭で取りのぞく
活性炭の表面のあなにくっついた物質を、微生物が分解する。

もっと知りたい！

「水道水」「浄水器の水」「ボトル水」は何がちがうの？

水道水には、浄水場で消毒するときに使った塩素がわずかに残してあります。これは、水道管を通ってみんなの家にとどくまで雑菌の増殖をふせぎ、水の安全を保つためです（➡28ページ）。水道水にふくまれる塩素は、からだに悪い影響をあたえることはありません。しかし、独特なにおいなどにより、水道水をおいしく感じられないことがあります。家庭で使われる浄水器には、この塩素などを取りのぞく機能がついています。

一方、「ナチュラルウォーター」「ミネラルウォーター」などのボトル水は、おもに地下水を原料として、塩素は使わず膜を使ってろ過したり、加熱によって消毒したりしています。

水道水の塩素が気になるときは火にかけて10分以上煮立たせたり浄水器を使えば取りのぞけるんだって！

ボトル水には塩素のように殺菌作用がある薬品はふくまれていない。

ふたを開けたら早めに飲もう！浄水器を通った水も同じだよ！

ろ過すると水はどう変化するの？

浄水場では、川の水などの原水をろ過してよごれを取りのぞきます。
身近にあるものを使って、自分でろ過をしてみましょう。

手づくりろ過装置を
つくってみよう

　ペットボトルを使ってろ過装置をつくり、川の水をろ過してみましょう。そして、ろ過する前の水とろ過したあとの水のにごりをくらべてみましょう。ほかにも、水道水、池や用水路の水、雨水、水たまりの水なども調べてみましょう。

ろ過装置のつくり方

1 ペットボトルの1本は底を、もう1本は上部を、それぞれカッターで切り取る。

注意！　ペットボトルを切るときには、カッターで手を切らないように気をつけよう。切り口には、けがをしないようビニールテープをはろう。

2 底を切ったほうのペットボトルの口に、脱脂綿をつめる。

3 ②を逆さまにして、写真のように、小石、砂利、活性炭、砂の順に入れる。最後にガーゼをかぶせる。

ろ過のし方

上部を切ったペットボトルに③を乗せ、上から水をゆっくりと流し入れる。

注意！　川の水やろ過した水は、飲まないでね。細菌やウイルスが入っていることがあるよ。

注意！　川や池の水を取りに行くときは、天気のよい日に大人といっしょに行動しよう。川や池に落ちたりけがをしたりしないよう十分に気をつけてね。

用意するもの

● 空のペットボトル（同じサイズのもの2本）
※1本はろ過装置に、もう1本はろ過した水を入れる容器として使う。
● 小石、砂利、活性炭、砂
● 脱脂綿、ガーゼ
※活性炭は、100円ショップやホームセンターなどで入手できる。

ガーゼ
砂
活性炭
砂利
小石
脱脂綿

ろ過をくりかえすとだんだんにごりが取れていくよ！

安全な水をつくるために欠かせない消毒

　浄水場で水道水をつくるときに、消毒はとても大切な工程です。川などから取水した水には、目に見えない細菌やウイルスがまじっています。そのまま飲むと、おなかをこわすなど、病気になることもあります。

　浄水場では、これらを「塩素」という殺菌作用のある薬品を使って消毒しています（➡26ページ）。日本では、「水道法」という法律によって、衛生上の安全を保つために、水道水に塩素を入れることが定められています。

塩素による消毒が
広まったことで
さまざまな感染症が
減ったんだって！
（➡29ページ）

はたらく人に
聞いてみよう

水源からじゃ口まで細かく検査

東京都水道局　馬場瑞季さん

　水道水は、みなさんが飲んでからだの中に入るものです。わたしたちは、水源から浄水場、みなさんの家の水道に水を送る水道管まで、それぞれの工程の水を採取し、水質検査をおこなっています。たとえば、川や貯水池などの水源の水が汚染されていないか、水道水に有害な物質が含まれていないかなど、安全に飲める水かどうかを確認しています。

　みなさんに水道水を安心して使っていただくためには欠かせない仕事なので、とてもやりがいがあります。

水源の水を顕微鏡で
検査するようす。

川などの水と水道水のちがいは
消毒しているか、
していないかなんだね

きびしい水質検査

　水道水の水質検査では、「水道法」にもとづき、におい、味、見た目など51項目の水質基準に当てはまるかどうかを調べます。この基準を満たすことは、安全・きれいな水をつくるだけではなく、おいしさにもつながるのです。地域によっては、水道法よりもさらにきびしい基準をもうけているところもあります。

水質基準項目の例 （2022年12月現在）

項目	基準
一般細菌（多いと腹痛や吐き気を引き起こす）	100 個体以下／ mL
大腸菌（食中毒の原因となる菌）	検出されないこと
総トリハロメタン（発がん性があるとされる）	0.1mg/L 以下
pH 値（酸性・中性・アルカリ性の値）	5.8 以上8.6 以下
味	異常でないこと
臭気	異常でないこと
色度	5 度以下
濁度	2 度以下

近代水道のはじまり

現在の水道のように、ろ過した水を消毒し、
管を通して給水する水道を「近代水道」といいます。
近代水道はどのように広まったのでしょうか。

都市の人口が増え感染症が広まった

日本で最初に近代水道が引かれたのは、明治時代の横浜です。このころの日本は、開国後、都市が急速に発達していた時期でした。

人口が増えるにつれて、人びとのくらしに関わる大きな問題がもちあがります。川や池などの水質の悪化です。それまで、人びとは井戸水や川、池の水をそのまま飲んでいました。人口が増えたことでこれらの水がよごれ、その水をそのまま飲むことで、コレラやチフス、赤痢といった感染症が大流行したのです。

1886（明治19）年には飲み水が原因でコレラが大流行して1万人近い人が亡くなったんだ

近代水道の整備

衛生的な水を供給する近代水道の整備が求められるなか、横浜市では、イギリス人技師の指導のもと、1887（明治20）年に近代水道が完成しました。

1890（明治23）年には、「それぞれの市町村が水道事業を担い近代水道の普及を進める」という内容の条例が定められ、ほかの都市でも次つぎに整備されていきました。その後、1920年代には塩素による消毒も導入され、ますます近代水道が広まっていきました。

衛生的で安全な水が飲めるのは当たり前のことではないんだね

近代水道三大発明

近代水道が広まるとともに、現在の水道でも用いられる技術や装置が生まれました。

ちゅう鉄管

鉄製の管。1893（明治26）年に国産化に成功。これによってじょうぶで長もちする水道管が普及した。

（所蔵：東京都水道歴史館）

砂ろ過

イギリスで開発された砂を使って水をこす方法。日本では1887（明治20）年に横浜水道が導入した。

ポンプ

動力で水をくみ上げたり水に圧力をかけたりする装置。1905（明治38）年、機械工学の研究者・井口在屋が日本独自のポンプを発表した。

（写真提供：博物館明治村）

配水・給水のしくみ

よく考えると
じゃ口をひねれば
水が出るのって
ふしぎね

💧 水道水は水道管を通して給水される

浄水場できれいになった水は、水道管（送水管）を通して地域の配水施設（給水所）に送られます。これを「送水」といいます。配水施設の配水池にためられた水は、水道管（配水管、給水管）を通して地域に送られます。これを「配水」といいます。そして、それぞれの家に送ることを「給水」といいます。

水道管は地下を通り、浄水場から家までつづいています。この間、水が止まることなく流れるのは、水が強くおし出され、遠くまで流れる力をもっているからです。この力を「水圧」といいます。水道のじゃ口は、水圧によって流れてきた水を止める役割をしています。そのために、じゃ口を開けると、水が流れ出るのです。

家庭に水が送られるしくみ

浄水場でつくられた水は水道管や給水所、受水そうなどを通って、みんなの家にとどけられます。

水道管は大きいもので直径3mぐらい、小さいものは直径3cmぐらい。
浄水場からみんなの家までだんだん細くなってくるよ

配水施設（給水所）
水をためて地域に水を配る。配水池や給水塔、ポンプ所がある。

直接給水
配水管から給水管に水を引き入れ、直接水道のじゃ口に送る。

配水池

送水管
浄水場から給水所まで水を送る。

配水管
給水所からそれぞれの家庭の近くまで水を送る。

水圧を調整して水を送る

給水方法には、浄水場でつくられた水を直接家庭に送る方法と、受水そうにためてから送る方法があります。たくさんの家庭にスムーズに水を送るために、ポンプを用いて水に圧力をかけて送りだしたり、高いところから水を流したりしています。

水は、1日のなかで使用量が変わります。昼間は洗たくや炊事などでたくさんの水が使われ、夜はあまり使われません。また、季節によってもちがいます。給水所では、水の使用量を予測しながら水を送り出します。

水道管のお医者さん

東京都水道局　山﨑千秋さん

水道管は地中にうまっているため、ひびが入って水がもれていても目で見て確認することができません。わたしたちは、地面に当てると地下の音を聞ける装置を使って、水がもれていないかを調査し、もれていたら修理をしています。

地下の音は、下水道が流れる音や、車が通る音などの音がまざって聞こえてきます。いろいろな音のなかから水もれの音を聞き分けるためには、長い経験と知識が必要です。水もれを修理したときに、お客さまから感謝の言葉をいただけるときはうれしいです。

車や人通りが少ない夜の時間帯に、装置を使って調査する。

ポンプで増圧して給水

ビルなど高い建物は、ポンプを使って水圧を上げて水を送る。

ポンプ

高置水そう

受水そうにためて給水

水をいったん受水そうにためてから、水道のじゃ口に送る。

受水そうは敷地内や建物の屋上にある。

受水そう

日本全国の水道管をすべてつなげると地球17周分の長さになるんだって！

給水管　配水管から分かれ、それぞれの家庭に水を送る。

上下水道が完備された江戸のまち

今から400年前の江戸のまちには、
当時の高い技術を用いた水道がありました。
江戸時代の水道と人びとのくらしをのぞいてみましょう。

100年かけた大工事

1590年、徳川家康の命で、江戸のまち（現在の東京都）に水道を引く計画が動き出しました。江戸城下にたくさんの人が住むようになり、飲み水や生活用水が必要になったからです。

まず、井の頭池（東京都三鷹市、武蔵野市）から目白下大洗堰（東京都文京区）までの水道がつくられました。これが神田上水です。

その後、江戸の人口はどんどん増え、1653年には、多摩川からも水を引くことになります。江戸のはるか西にある羽村（東京都羽村市）から水を取り入れ、武蔵野台地を横切り、四谷大木戸（東京都新宿区）まで導くという大変な工事でしたが、わずか8か月間で終わりました。この水道が玉川上水で、神田上水と合わせて二大上水とよばれました。

さらに、1696年までには、亀有、青山、三田、千川の水道もでき、約100年かけて、江戸の水道がととのいました。

江戸時代の水道網

神田上水と玉川上水の長さは合わせて150kmにもおよび、江戸の広範囲に給水できるようになりました。

江戸城のまわりにあみの目のように水道がはりめぐらされていたよ

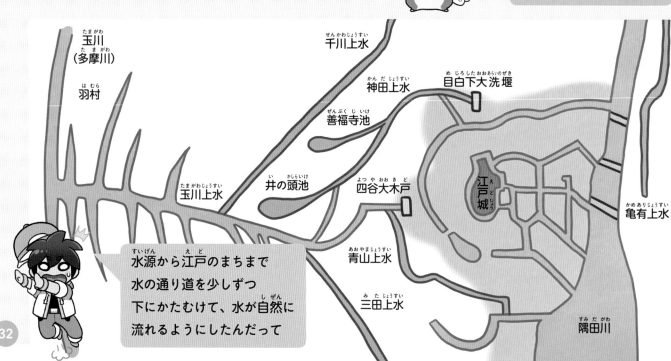

水源から江戸のまちまで水の通り道を少しずつ下にかたむけて、水が自然に流れるようにしたんだって

木でつくられた水道管

上水は、江戸のまちに入ると「木樋」という木でできた水道管を地下に通して、共同の井戸にためられました。人びとはこの井戸の水をくみ、飲み水や生活用水として使いました。

江戸では、炊事などに使った下水（➡2巻）は海に流しましたが、便所の排せつ物は流さず畑の肥料に使いました。そのため、下水はそれほどよごれていませんでした。また、人びとは井戸や下水のそうじを欠かさず、江戸のまちは、当時のどの国の都市よりも清潔だったといいます。

江戸の水道の使い道

江戸の人びとは、くらしのなかで、貴重な水をむだなく使っていました。

湯屋（銭湯）
共同のふろ。それぞれの家にふろはなかった。

洗たく
たらいに水をためて洗たくをした。

便所
くみ取り式。排せつ物は下水に流さず、畑の肥料にした。

炊事
井戸でくんだ水を水がめにためておき、使った。

井戸
現在の地下水をくみ上げる井戸とはちがい、木樋を通じて引いた水を、地下にうめたたるのような入れ物にためて使った。

水売り
水を入れたおけをてんびん棒で担いで、売り歩く人もいた。

下水
みぞをつくり、よごれた水や雨水を流した。

竹樋
竹でできた水道管。

駒の頭
木樋や竹樋をつないで長くした。

木樋
木でできた水道管。

水道が整備された清潔なまちを見た外国人は「江戸はすごい！」っておどろいたんだって！

木樋と駒の頭。水に強くくさりにくいヒノキやマツが使われ、太い木の中をくりぬくなどしてつくられた。

木の建物が多かった江戸のまちは火事が多く水は火消しのためにも必要だったんだよ

（所蔵：東京都水道歴史館）

33

わたしが使っている水道水はどこからくるの?

自分が住んでいる地域の水道の水源や浄水場について
調べてまとめてみましょう。

調べたことを
この本の最後の
ページにある
ワークシートに
まとめよう!

ステップ1

水道事業者を調べよう

　まずは、自分が利用している水道の事業者を
調べましょう。事業者は、ほとんどの場合が市
町村などの地方公共団体です。一部の事業を市
町村から任された会社がおこなっていることも
あります。

　水道事業者は、「検針票（水道使用量のお知ら
せ）」（➡9ページ）を見たり、インターネットの
検索サイトで「市町村名＋水道事業」と入力し
て検索するとわかります。

ぼくの住んでいる
地域の水道事業者は
〇〇〇水道局だよ

わたしの地域では
市役所に「水道事業部」が
あるみたい

ステップ2

水源について調べよう

　地域の水源について調べましょう。インター
ネットの検索サイトで、「水道事業者名＋水源」
と入力すると、水源の種類や水源地についてしょ
うかいしているページを調べることができま
す。水源の種類はひとつだけではなく、たとえ
ば「川と地下水」というように、複数のことも
あります。

調べる項目

水源は、川、湖、地下水などいろいろです。この
本の12〜15ページの説明も見ながら、チェック
してみましょう。

水源は何?

☐ 川

☐ 湖

☐ 地下水（井戸水・伏流水）

水源は、住んでいる地域から
近いこともあるし
ずっと遠いほかの都道府県に
あることもあるよ

浄水場について調べよう

地域の浄水場について調べましょう。インターネットの検索サイトで、「水道事業者名＋浄水場」と入力すると、地域にある浄水場の名前や場所について調べることができます。水道事業者のウェブサイトでは、浄水場の場所を地図で示したり、浄水場でおこなわれている処理の内容や、1日にどれくらいの水をつくることができるかなどをしょうかいしたりしていることもあります。

仙台市水道局の
サイトを見ると
仙台市の浄水場の
地図がのっているよ！

仙台市水道局HPより

**ぼくの家に水が
とどくまで**

ぼくの住んでいる地域の水道の水源は川で、〇〇浄水場から水が送られてきているよ。〇〇浄水場はとても大きくて、1日最大約460万㎥もの水をつくることができるんだって！

**わたしの家に水が
とどくまで**

わたしの住んでいる地域の水道の水源は地下水よ。浄水場はなく、水質がとてもよいので、取水した水を配水施設で消毒だけして、わたしたちの家に送られてきていることがわかったよ。

3 災害にそなえる

地震や台風、大雨などの自然災害は人の力で止めることはできません。
ふだんからのそなえが大切です。

災害時に水道が使えなくなることがある

水道は、水を送るときや水をくみ上げるときに、ポンプなど電気で動く機械を使っています。そのため、地震や台風などの災害時に停電すると、給水ができなくなることがあります。また、水源に流木や大きなごみがたまったり、水道管が破損したりして、水道が止まることもあります。わたしたちは、水道がいつでも当たり前に使えるものではないということを、知っておかなくてはなりません。

何かの理由で
水道の給水が止まることを
「断水」というよ

2022（令和4）年、九州・日向灘を震源として起きた地震では、大分県大分市内の水道管が破裂したことによりマンホールから水があふれ出し、道路が水びたしになった。 （写真提供：共同通信社）

水道事業者の取り組み

地域の水道事業者（水道局など）では、日ごろから、設備の故障がないか点検したり、水道管を新しいものに取りかえたり、災害時に被害を出さないための対策を立てています。
また、断水した場合にすぐに対応できるよう、給水車の準備や給水拠点の設置を進めています。

給水車の準備

給水車は大きな給水タンクを積んだ自動車です。断水した地域に水を運びます。

給水を受けるときは、自分で準備したポリタンクや給水ぶくろなど（→39ページ）に水を入れる。

給水車のタンクには給水口がついていて、給水口に水を通す管やじゃ口を取りつけるなどして使用する。

（写真提供：アフロ）

緊急時には水道緊急隊が出動!

東京都水道局　田中秀秋さん

　水道緊急隊は、地震や台風などの災害が起きて都内で水が止まってしまったときに出動し、水道の被害の情報を集め、給水車による応急給水などをする組織です。たとえば、水が止まり、病院などの受水タンクが空になった場合は、給水車からポンプで水を送り、タンクの上の高い場所から給水することもあります。24時間365日、いつ災害が起きてもすぐに出動できるように、ふだんから、いろいろな場面を想定して訓練したり、車両や道具の点検整備を欠かさずおこなったりしています。

受水そうに給水車からポンプで水を送るようす。

応急給水拠点の設置

地域の人たちが利用しやすい場所に、災害時に断水したときの応急対策として給水拠点を設置しています。

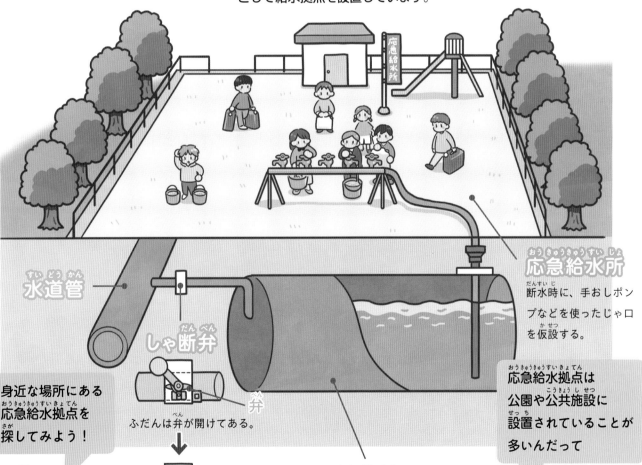

水道管

身近な場所にある**応急給水拠点**を探してみよう!

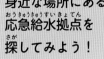

しゃ断弁

ふだんは弁が開けてある。

↓

災害時には閉めて、給水用の水を確保する。

応急給水そう
地域住民に約3日分の給水ができる量をためている。

応急給水所
断水時に、手おしポンプなどを使ったじゃ口を仮設する。

応急給水拠点は公園や公共施設に設置されていることが多いんだって

ひとりひとりが災害にそなえる

　もし、災害時に断水したら、どうなるでしょうか。まず、飲み水が十分にありません。手洗いや入浴ができず、洗たくもできなくなります。トイレも流せなくなり、不衛生な状態になってしまうでしょう。いつもは当たり前にできることが、できなくなってしまうのです。くらしに欠かせない水道、電気、ガスなどの設備を「ライフライン」といいます。災害時にライフラインがとだえたとき、場合によっては、復旧するまでに水道なら約1か月かかることもあります。それを想定して、必要なものを用意しておきましょう。

用意しておくもの

災害にそなえて、おうちの人といっしょに、非常用の防災セットをそろえておきましょう。避難場所や応急給水拠点を、事前に確認しておくことも大切です。

避難所で生活することになったらどんなものが役立つのかな?

＼ 飲み水や食べるものにこまらないように ／

ペットボトルの水と非常食

災害発生時はさまざまなことが混乱し、給水や食料の支援がすぐには受けられないことがある。1人が1日に必要な最低限の飲み水の量は2L。そなえとして、1人1日3Lの水と3日分の食料を用意しておこう。

調理の手間が少ない缶づめやレトルト食品が便利! ふだん食べているものを使った分だけ買い足していく「ローリングストック」なら無理やむだなくそなえられるよ

1人分 ×3日分

🔍 災害時のためにそなえておく
1人1日の水の量

3L

1.5Lの
ペットボトル2本分

応急給水拠点で 水をもらえるように

ポリタンクと給水ぶくろ

10Lのポリタンクや給水ぶくろが便利。バケツにビニールぶくろを入れて、水を入れたあと口をしばる方法もある。

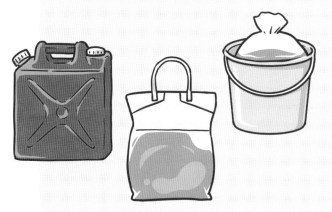

近くの応急給水拠点を確認しておく

どこで水が配られるか、自治体のホームページなどで調べておく。実際に歩いて、場所を確認しておこう。

大きな看板やマークが目じるし。

給水所の標識があるところもある。

好きなときにトイレに 行けるように……

災害用トイレ

便座を組み立てて使える簡易トイレや、ふだん使っているトイレに専用のシートをかぶせて水を流さずに便を捨てられるものなどがある。

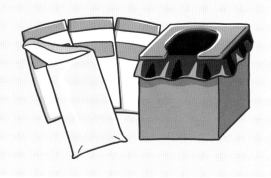

ほかには

- マスク
- 消毒液
- ティッシュペーパー
- トイレットペーパー
- ウェットティッシュ
- ポリぶくろ
- タオル
- 着替え

- 歯ブラシ
- 軍手
- 懐中電灯やLEDライト
- 応急手当用品 （ばんそうこう、 ガーゼ、薬など）

浴そうやポリタンクに 水をためておく

ふろに入ったあと流さずに水をためておくと、トイレを流すのに使える。また、ポリタンクに水道水をためておくと、手洗いやからだをふくときなどに使える。

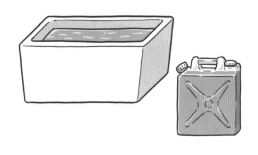

すぐに持ちだせるようにリュックに入れておかなくちゃ！

4 節水のくふう

水のむだづかいをふせぐことを「節水」といいます。
学校の友だちやおうちの人といっしょに、節水に取り組んでみましょう。

くらしの変化によって水の使用量が増えた

1950年代の後半から1970年代のはじめにかけて、日本の経済は急速に成長しました。この時期、水道が整備され、また、人びとのくらしが変化し、水の使用量が大きく増えました。

> 2000年ごろからは水道技術の進歩や節水意識の高まりによって水の使用量がゆるやかに減っているよ

生活用水の使用量の変化

1965年から2000年までの35年間で、1人が1日に使用する平均使用量は、約2倍に増えています。一方、生活用水の使用量を見ると、人口の増加もあり、3倍以上増えています。

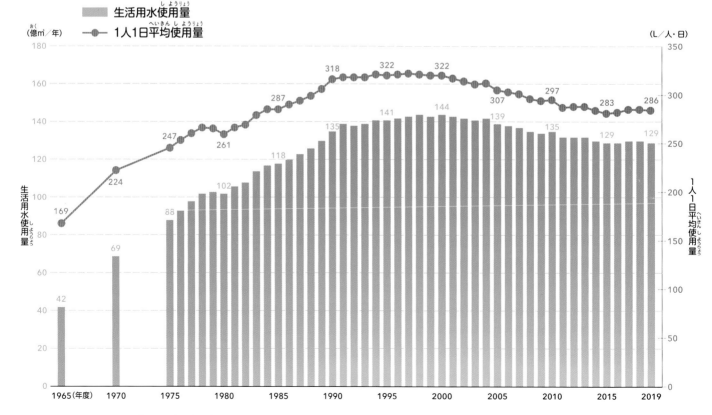

出典：国土交通省水資源の利用状況 ※1965年、1970年の値は厚生労働省「水道統計」による。1975年以降は国土交通省水資源部調べ。
※ここでの「生活用水」には学校や会社、飲食店などで使う水（都市活動用水）もふくまれている。

節水が環境を守ることにつながる

今、わたしたちは、水道の水を毎日使うことができ、こまることはほとんどありません。けれど、水が使える量はかぎられていて、いつ足りなくなるかわかりません。水のむだづかいが電気のむだづかいにつながり、やがては、地球温暖化など地球に影響をおよぼす可能性もあります。また、世界では、つねに水が足りない国や地域があります。なぜ節水をしなければならないのか、考えてみましょう。

> 「水を大切に」って
> よくいうけれど
> なぜ大切なのか、理由を
> 考えたことがなかったな

もっと知りたい！

トイレの機能は進化している！

日本で最初に国産の腰掛式水洗便所が開発されたのは、1914（大正3）年のことです。しかし、この便所はほとんど普及しませんでした。このころの日本では、便器の下の容器に大便などをためて定期的にくみ取る「くみ取り式」が主流で、よごれた水を流す下水道も整備されていなかったからです。

その後、経済が急速に成長していた1960年代から、だんだんと水洗トイレをもつ家が増え始めました。そして、少ない水でしっかり流す洗浄の技術が進んでいきました。住宅設備機器を製造・販売するTOTOのトイレでは、水圧や水の流れ方をくふうし、1965（昭和40）年には20L必要だった洗浄水量が、2022（令和4）年には3.8Lにまで減りました（TOTO調べ）。

節水が大切な理由

身のまわりだけでなく、世界の水にも目を向けてみましょう。

使える水の量はかぎられている

地球の表面の3分の2が水におおわれているが、そのほとんどが海水であり、飲み水として使える地表の水は地球上の水のわずか0.01％（➡4巻）。

水のむだづかいが電気のむだづかいにつながる

水道水をつくって送るためには、たくさんの電気が使われている。水を使えば使うほど、電気も使うことになる。

世界では水が不足している

世界の中には、水不足になやむ国がたくさんある（➡5巻）。日本でも、災害などで水が使えなくなることもある（➡36ページ）。

1回あたりの洗浄水量の変化

「大」のレバーで1回に流れる水の量は、57年間で16.2L減っています。

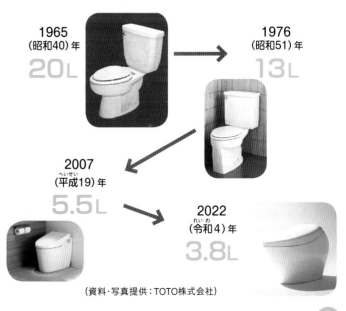

1965（昭和40）年 20L
1976（昭和51）年 13L
2007（平成19）年 5.5L
2022（令和4）年 3.8L

（資料・写真提供：TOTO株式会社）

4 節水のくふう

節水のために わたしたちにできること

　節水のために、わたしたちにできることがたくさんあります。ひとつひとつは小さなことでも、水は毎日使うので、みんなで取り組めば大きな節水につながります。わたしたちが毎日、どんなことにどれくらいの水を使っているのかを考えながら（➡6〜7ページ）、節水を始めてみましょう。

たとえば
歯みがきをするとき
30秒間水を
出しっぱなしにすると
約6Lの水を使うよ！

6Lって、2Lの
ペットボトル3本分！
水をコップにためて使えば
歯みがき1回で
5Lぐらい、節水できるね！

節水アイデア1

水を勢いよく 出しすぎない！

　水道のじゃ口を全開にすると、中ぐらいの太さで水を流すときの2倍近くの量が流れます。水の勢いを弱めれば節水につながります。

ちょうどよい量の 水を出す

気づかずに水を出しすぎているときがあるので、必要な量だけ出すようにする。

節水コマや 止水栓で調整する

節水コマはじゃ口に取りつけて出る水の量を減らすことができる。止水栓は水道管についていて、水の勢いを調節できる。

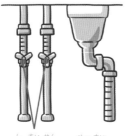

止水栓　　節水コマ

止水栓は洗面台や流しの
下の水道管についているよ。
おうちの人に
調節してもらおう

節水アイデア2

水は出しっぱなしにせず、 ためて使う！

　水道の水は、出しっぱなしにするより、こまめに止めて、容器に必要な量の水をためて使ったほうが節水できます。

洗顔や歯みがきを するときは

洗顔をするときは洗面器に、歯みがきをするときはコップに水をためて水を使う。

食器洗いをするときは

食器のよごれは、紙などでざっとふき取っておく。たらいにためた水に食器をつけて、洗い流すときだけ水を流す。

もっと
知りたい!

節水すれば
水道使用料金が下がる!

わたしたちは、地域の水道事業者に水道使用料金をはらって水を使っています。そのため、節水すれば料金が安くなります。たとえば、東京都に住んでいる場合、家族みんなで節水をして水の使用量を1日50L減らせれば、1か月で1500Lの節水ができ、360円（2022年現在、東京都一般家庭の場合。1Lあたり0.24円で計算）の節水になります。

水道料金は地域によってちがうよ!
節水にチャレンジしたら
「検針票（水道使用量のお知らせ）」
（→9ページ）を見て、どれくらい
節水・節約できたか確認しよう!

節水アイデア3

使った水を
再利用しよう!

ふろの浴そうにためた水や、お米や野菜を洗うのに使った水は、飲み水には使えませんが、再利用はできます。

ふろの残り水を再利用

ふろの水を流さずにとっておき、洗たくなどに使う。

お米や野菜を洗った水を再利用

植物の水やりに使う。

節水アイデア4

節水機能を
活用しよう!

洗たく機、トイレ、シャワーなどの家電製品には、節水機能がついています。節水機能を選んで使いましょう。

トイレで節水する

大と小のレバーを使い分けるだけで節水できる。1回のトイレで何回も流さないことも大事。

ふろで節水する

浴そうに水をためる水量を調整したり、節水機能のついたシャワーヘッドを使ったりする。

家電製品はかんたんには
取りかえられないけれど
買いかえるときは
節水機能に注目しよう

5 水道のこれから

将来、わたしたちがずっと水道を使いつづけていくために
解決しなくてはならない問題や対策、くふうを見てみましょう。

施設や設備を新しいものに

　水道は、浄水場や水道管をはじめ、さまざまな施設や設備がつながってできています。一部に不具合があるだけで、配水ができなくなったり、事故につながったりする可能性があるため、つねに点検や整備がおこなわれています。

　しかし、現在使われているものは50年以上前に設置されたものが多くあり、とくに、水道管の老朽化が問題になっています。古い水道管や施設は地震にも弱く危険です。そこで、それぞれの地域で、水道管の取りかえや施設の耐震化が進められています。

水道管の取りかえ工事のようす。古くなった水道管は地震に弱いだけでなくさびはにごり水の原因に、また、ひびは水もれや水道管破裂の原因となる。
（写真提供：共同通信）

水道事業の民営化

　水道管の取りかえや施設の耐震化は、急いで進めるべき課題です。しかし、進んでいない地域が多いのが現状です。その理由として、費用がかかること、また、人手不足があげられます。水道事業は、地域の人たちみんなが公平にサービスを受けられるよう、長いあいだ公共事業として市町村が管理・運営をおこなってきました。しかし、このままでは事業がつづけられなくなってしまいます。そこで、2018（平成30）年に改正水道法が施行され、水道事業に民間企業も加わることになりました。

宮城県が全国に先立ち上水道事業を民営化

　宮城県では、2022（令和4）年4月1日から「みやぎ型管理運営方式」という方法で水道事業に取り組んでいます。これは、施設は宮城県が所有し、水道事業の運営は民間の企業がおこなうという、自治体と民間企業が協力する方法です。宮城県では、この方法で20年間事業をつづけ、水道事業のサービス向上をめざしています。

上水道の未来をになう最新技術

　現在、水道事業においては、これまで人がおこなっていた作業に通信機能やAI（人工知能）、ドローンなどを取り入れた最新技術が導入されています。

　通信機能を利用すれば、現在は検針員が1軒1軒まわって確認している水道使用量の検針が、はなれた場所からできるようになります。また、水道管センサーを取りつけて、感知した情報を発信させたり、ドローンを使って水道の設備を点検したり、AIを使って水道の状態を正確に分析できるようになれば、工事の手順や計画を立てやすくなり、むだがなくなります。

最新技術を用いた水道のしくみ

　現在、一部の地域では「スマートメーター」や「AIMS」の導入が進んでいます。将来的には、多くの地域でこれらを導入することで、作業の省力化や効率化が期待されています。

最新技術を使えば
すばやく正確に
水道施設や設備の管理が
できるようになるんだね！

ドローン

ドローンを飛ばして、空から人が行きにくい場所にある水道管などの設備の点検をおこなう。

AI

AIに学習させて分析したデータをもとに、作業をすばやく正確におこなう。たとえば、地下にはりめぐらされた水道管の状態を分析して色分けし、もっとも危険な場所から工事を進める。

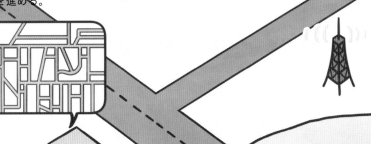

インターネット・人工衛星

浄水場

集めたデータを活用する。

AIMS

水道管に水もれ時の振動などを読み取るセンサーを設置。自動無線でパトロール中の車にデータを送る。

スマートメーター

通信機能がついた水道メーターを使い、検針をはなれた場所から自動でおこなう。

さくいん

ここでは、この本に出てくる重要な用語を50音順にならべ、その内容が出ているページをのせています。
調べたいことがあったら、そのページを見てみましょう。

第1問の答え　③ ➡6ページ
1日あたり平均214Lの水を使っている（東京都民の場合）。
（2019年度 東京都水道局調べ）

第2問の答え　② ➡17ページ
森林はダムのように水をたくわえるはたらきがあることから、「緑のダム」とよばれている。

第3問の答え　② ➡36ページ
給水車は、給水タンクを積んだ自動車で、災害などによって断水した地域に水を運び、供給する。

第4問の答え　① ➡24～25、28ページ
浄水場では、川などから水を取り入れ、消毒をして安心して飲める水をつくっている。

第5問の答え　③ ➡31ページ
全国の水道管をつなげると、地球17周分にあたる長さ約68万kmにもおよぶ。
（2018年度 厚生労働省調べ）

第6問の答え　① ➡29ページ
人口増加による水不足やよごれた水を飲むことによる感染症の大流行によって、近代的な水道の整備が進んだ。

第7問の答え　① ➡9ページ
各家庭に水を引きこむ水道管に設置されていて、水が流れるとメーターがあがるしくみ。

第8問の答え　③ ➡21ページ
日本でもっともたくさんの水をためておけるダムは徳山ダム（岐阜県）で、総貯水量は約6億6千万㎥。これは、東京ドーム約533杯分にあたる。
（2022年12月現在）

第9問の答え　① ➡38ページ
人が健康に生活していくためには、1人1日2Lの飲み水が必要。1人1日3Lを備蓄しておくとよい。

第10問の答え　③ ➡20ページ
全国には約3000のダムがある。見学してダムカードがもらえるところもある。

監 修
西嶋 渉（にしじま わたる）

広島大学環境安全センター教授・センター長。研究分野は、環境学、環境創成学、自然共生システム。水処理や循環型社会システムの技術開発、沿岸海域の環境管理・保全・再生技術開発などを調査・研究している。公益社団法人水環境学会会長、環境省中央環境審議会水環境部会瀬戸内海環境保全小委員会委員長。共著に『水環境の事典』（朝倉書店）など。

[スタッフ]
キャラクターデザイン／まじかる
イラスト／まじかる、大山瑞希、青山奈月貴
装丁・本文デザイン／大悟法淳一、大山真葵、中村あきほ
　　（ごぼうデザイン事務所）
図版作成／坂川由美香
校正／株式会社みね工房
編集・制作／株式会社KANADEL

[取材・写真協力]
沖縄県企業局／株式会社アフロ／株式会社共同通信イメージズ／
株式会社フォトライブラリー／下関市上下水道局／
東京都水道局／東京都水道歴史館／TOTO株式会社／
博物館明治村／ピクスタ株式会社／横浜市水道局

水のひみつ大研究 1
水道のしくみを探れ!

発行　2023年4月　第1刷

監修　　西嶋 渉
発行者　千葉 均
編集　　大久保美希
発行所　株式会社ポプラ社
　　　　〒102-8519　東京都千代田区麹町4-2-6
　　　　ホームページ　www.poplar.co.jp（ポプラ社）
　　　　kodomottolab.poplar.co.jp（こどもっとラボ）
印刷・製本　今井印刷株式会社

あそびをもっと、まなびをもっと。
こどもっとラボ

水のひみつ大研究

全5巻

監修 西嶋 渉

● 上水道、下水道のしくみから、水と環境の関わり、世界の水事情まで、水についていろいろな角度から学べます。

● イラストや写真をたくさん使い、見て楽しく、わかりやすいのが特長です。

1 水道のしくみを探れ!

2 使った水のゆくえを追え!

3 水と環境をみんなで守れ!

4 水資源を調査せよ!

5 世界の水の未来をつくれ!

小学校中学年から
A4変型判／各47ページ
N.D.C.518

図書館用特別堅牢製本図書

水のひみつ大研究　※この本の34～35ページを見ながらまとめてみよう。

テーマ　**わたしが使っている水道**

名前

水道事業者

水源や水道施設について調べよう　あてはまるところに☑を入れて名前を書き入れよう

水源

□ 川

＿＿＿＿川

□ 湖

＿＿＿＿湖

□ 地下水(井戸水・伏流水)

水道施設

□ 浄水場

＿＿＿＿浄水場

自分の住んでいる町の水道の道のりを、地図にしてまとめよう

コピーして使おう